U0345725

“十二五”国家重点电子出版物规划项目
机电工程数字化手册系列

焊接数字化手册
焊接结构

中国机械工程学会焊接学会　编
机电工程数字化手册编制组　制作

机 械 工 业 出 版 社

本数字化手册收录了近几年国内外焊接生产技术飞速发展的成果、现行的国内外标准，以数据表、网页表、图片、曲线的方式，展现了包括焊接结构基础、典型焊接结构设计和焊接结构生产等方面的标准技术资料。焊接结构基础主要包括接头设计、力学性能、变形、疲劳、环境效应等；典型焊接结构设计涵盖了机械、建筑、铁路、船舶、汽车、航空航天等行业中典型焊接结构的形式及焊接参数的设计；焊接结构生产主要包括焊接制造工艺、检测、组织与经济、车间设计、安全防护等。

本数字化手册可供工业部门中从事焊接科研、设计、生产的工程技术人员使用，也可作为教学人员的参考资料。

图书在版编目(CIP)数据

焊接数字化手册．焊接结构/中国机械工程学会焊接学会编．—北京：机械工业出版社，2015.12

(机电工程数字化手册系列)

ISBN 978-7-111-53876-9

Ⅰ．①焊… Ⅱ．①中… Ⅲ．①数字技术—应用—焊接结构—技术手册 Ⅳ．①TG4-62

中国版本图书馆CIP数据核字(2016)第113624号

机械工业出版社(北京市百万庄大街22号 邮政编码100037)

策划编辑：吕德齐 责任编辑：吕德齐

责任校对：刘秀芝 封面设计：马精明

责任印制：乔 宇

北京铭成印刷有限公司印刷

2016年6月第1版第1次印刷

184mm×260mm·2.75印张·2插页·58千字

0001—1000册

标准书号：ISBN 978-7-111-53876-9

ISBN 978-7-89386-025-6(光盘)

定价：499.00元(含1CD)

凡购本书，如有缺页、倒页、脱页，由本社发行部调换

电话服务	网络服务
服务咨询热线：010-88361066	机 工 官 网：www.cmpbook.com
读者购书热线：010-68326294	机 工 官 博：weibo.com/cmp1952
010-88379203	金 书 网：www.golden-book.com
封面无防伪标均为盗版	教育服务网：www.cmpedu.com

前　　言

《中国制造2025》规划的实施，无疑为装备制造业提供了机遇和挑战。为促进我国制造业信息化的发展，满足数字化时代工程技术人员的要求，我们在机械工业出版社出版的《焊接手册　焊接结构》的基础上，开发出版了《焊接数字化手册　焊接结构》。

本数字化手册具有方便快捷的资料查询功能，可按目录查询、索引查询、搜索查询、数据表查询等方式，方便、快速地查到所需要的数据，缩短了查询数据所需要的时间，提高了工作效率。

本数字化手册为用户提供了数据表、网页、图像和曲线资源。用户通过数据表资源，能够完整地查看到数据的内容、备注等详细信息，并可进行精确查询，将所需要的数据以单行数据的形式导出；利用曲线资源，可以在计算机上模拟手工对线取值；优良的交互性，使用户可根据需要自行设计数据表、公式和曲线资源。在数据表资源中显示的物理量符号，请用户参照“系统显示符号对照表”中的说明。

本数字化手册的使用说明基于Windows7系统编写。数字化手册在不同系统下运行时，有些符号的显示不尽相同。例如：在WindowsXP系统下展开图标为⊞，折叠图标为⊟；而在Windows7系统下展开图标为▷，折叠图标为◢。又如：在WindowsXP系统下，“～”“≥”等在数据表资源中显示为“～”“≥”；而在Windows7系统下显示为“～”　“≥”。但是，以上这些并不影响各数据资料的正常查询与显示。

目前已出版的数字化手册有：《中外金属材料牌号和化学成分对照数字化手册》《金属材料规格及重量数字化手册》《实用五金数字化手册》《新编铸造技术数据数字化手册》《实用紧固件数字化手册》《实用金属材料数字化手册》《工程材料速查数字化手册》《世界钢号数字化手册——不锈钢耐热钢和特殊合金》《世界钢号数字化手册——通用钢铁材料》《世界钢号数字化手册——铸钢和铸铁》《世界钢号数字化手册——钢铁焊接材料》《世界钢号数字化手册——机械和工程结构用钢》。

数字化手册的功能将进一步完善，内容也将及时更新，服务会长期进行。对于数字化手册中可能存在的错误，敬请用户不吝赐教，帮助我们使产品不断升级，满足用户需要。

本数字化手册是单机版，如需购买网络版请与我们联系。

客服人员：李先生；办公电话：010-88379769；QQ：2822115232。

机电工程数字化手册编制组

系统显示符号对照表

系统显示符号	标准符号	名称
Rm	R_m	抗拉强度
ReL	R_{eL}	下屈服强度
Rp0.2	$R_{p0.2}$	规定塑性延伸强度
KV，KV_2	KV，KV_2	冲击吸收能量
aKV	a_{KV}	冲击韧度
A	A	断后伸长率
Z	Z	断面收缩率
I	I	电流
U	U	电压
Pt	P_t	焊条、焊丝、焊剂消耗量
Fh	F_h	焊缝熔敷金属横断面面积
Pf	P_f	焊缝熔敷金属质量
Uf	U_f	胶片不清晰度
v	v	速度
fm	f_m	上拱值
kp	k_p	起重机载荷谱系数
pg	p_g	额定工作压力
β	β	可靠指标
R	R	可靠度
CE	CE	碳当量
w	w	质量分数
f，fv，fce	f，f_v，f_{ce}	强度设计值
δ，t，h，a，T	δ，t，h，a，T	厚度
R，r	R，r	半径
e，b	e，b	宽度
d，D，ϕ，Ds，Dw	d，D，ϕ，D_s，D_w	直径
A，B，C，L，L_1，L_2，M，H，H_1，H_2，X，Smax，SL	A，B，C，L，L_1，L_2，M，H，H_1，H_2，X，S_{max}，S_L	

目　录

第1章　系统安装与注册

《焊接数字化手册　焊接结构》与许多Windows安装程序一样，具有良好的用户界面。只要用户按照以下步骤，就可以轻松地安装本数字化手册。

1.1　运行环境及配置要求

安装本数字化手册之前，需要检查计算机是否满足最低的安装要求。为了能流畅地运行此软件，用户的计算机必须满足以下要求：

1）主频1GHz及以上CPU。

2）VGA彩色显示器（建议显示方式为16位以上真彩色，分辨率1024×768像素及以上）。

3）250GB及以上硬盘空间。

4）1GB及以上内存。

5）16倍速CD-ROM驱动器。

6）软件要求：简体中文WindowsXP、Windows7、Vista及以上操作系统。

7）其他：Microsoft .NET Framework 3.5 SP1。

1.2　系统软件安装

1. 第一个数字化手册的安装

在软件安装之前以及安装过程中，请关闭其他的Windows应用程序，以保证数字化手册的安装和运行速度。具体安装步骤如下：

1）在CD-ROM驱动器中放入本数字化手册安装光盘。

2）光盘自动运行，显示初始界面，如图1-1所示，单击“安装”按钮即可进行安装。

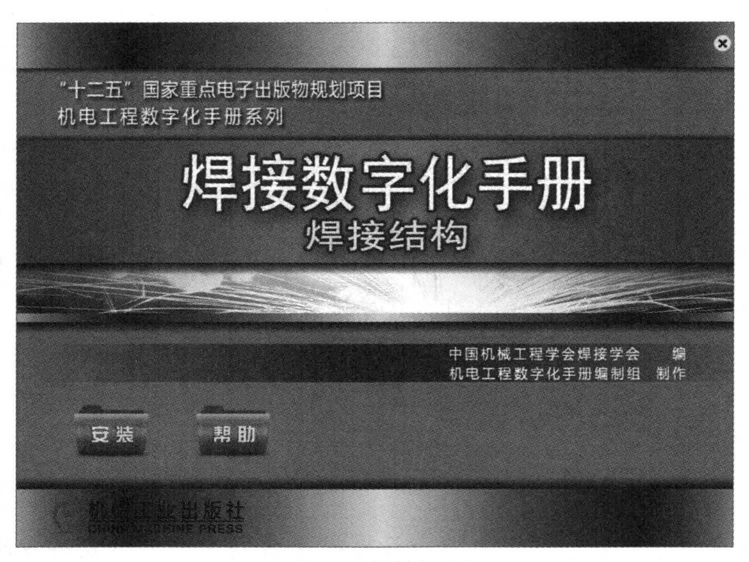

图 1-1 初始界面

如果本光盘无法在用户的计算机上自动运行，请打开本光盘的根目录，运行 setup 文件，重新安装。

3）计算机提示是否接受安装“. NET Framework 3. 5 SP1”组件，如图 1-2 所示。

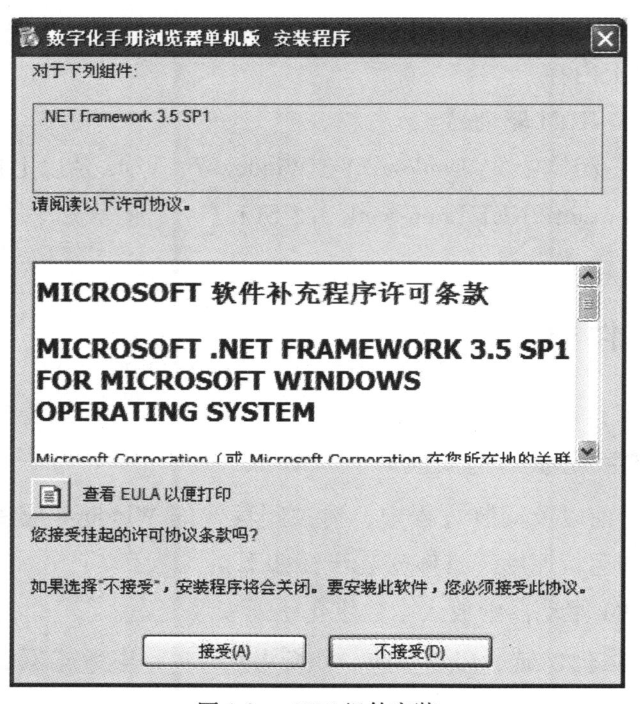

图 1-2 . NET 组件安装

在用户阅读协议内容并表示同意后单击“接受”按钮，显示“正在复制所需文件”“正在安装 . NET Framework 3. 5 SP1”等提示和图 1-3 所示的安装进度条。

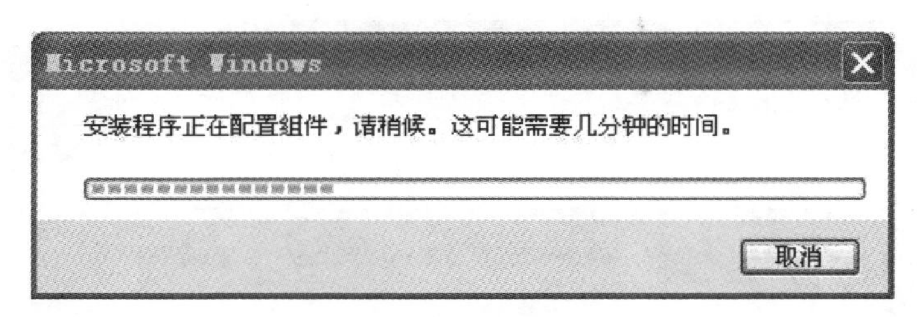

图 1-3　安装进度条

如果用户计算机的操作系统之前已安装了 Microsoft . NET Framework 3. 5 SP1，则直接进入第 4 步。

4）安装完成后进入如图 1-4 所示的“数字化手册浏览器单机版”安装向导。在用户阅读警告内容并表示同意后，单击“下一步”按钮。

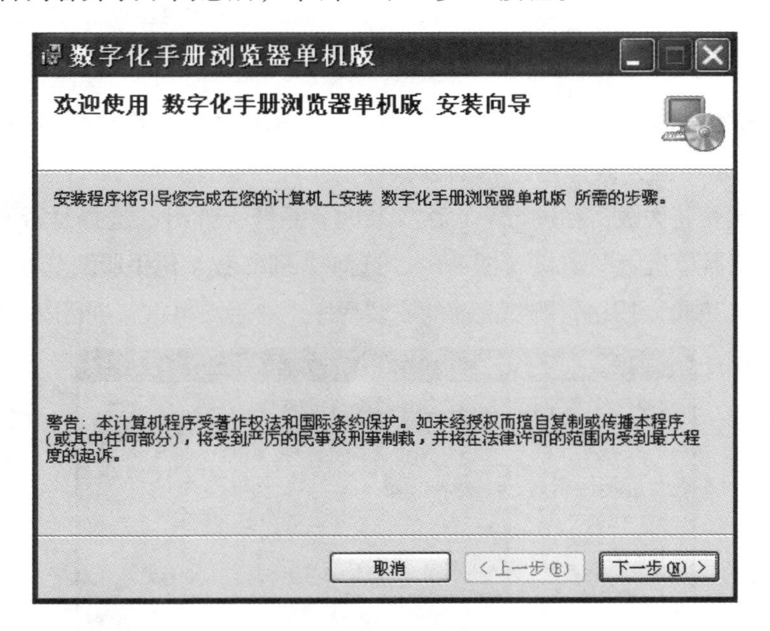

图 1-4　“数字化手册浏览器单机版”安装向导

5）进入如图 1-5 所示的“选择安装文件夹”窗口。系统推荐的安装目录是“C：\ Program Files（×86）\ 机械工业出版社 \ 数字化手册浏览器单机版”，如果同意安装在此目录下，单击“下一步”按钮。如果希望安装在其他的目录中，单击“浏览”按钮，在弹出的对话框中选择合适的文件夹。根据具体情况选择浏览器是个人使用（单击“只有我”单选框）还是任何人使用（单击“任何人”单选框），然后单击“下一步”按钮。

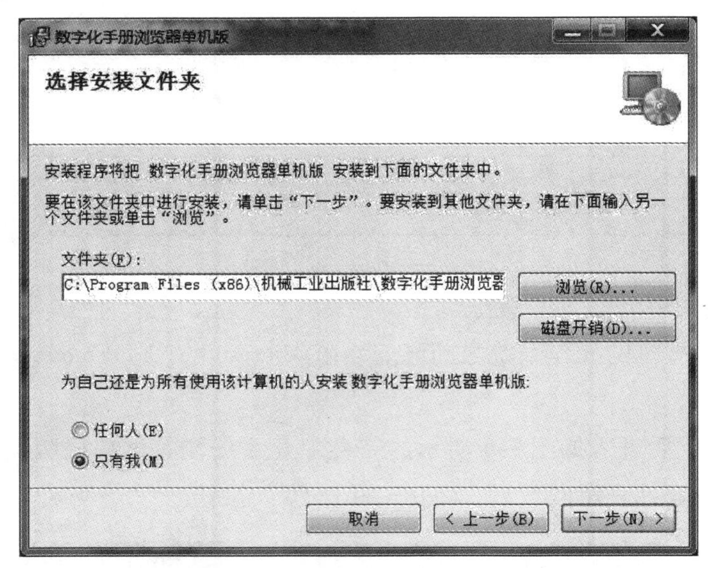

图 1-5　“选择安装文件夹”窗口

如果选择的是系统推荐的安装目录 C：\，而用户的计算机显示安装失败，则可将 C 改为 D 或其他分区，再进行安装操作。

如果第一次安装失败，在进行下一次安装时，系统会弹出“选择是否要修复或删除数字化手册浏览器单机版”窗口（图 1-6），选择“删除 数字化手册浏览器单机版（M）”单选框，单击“完成”按钮，删除此前的安装程序。然后，再重新进行安装操作。

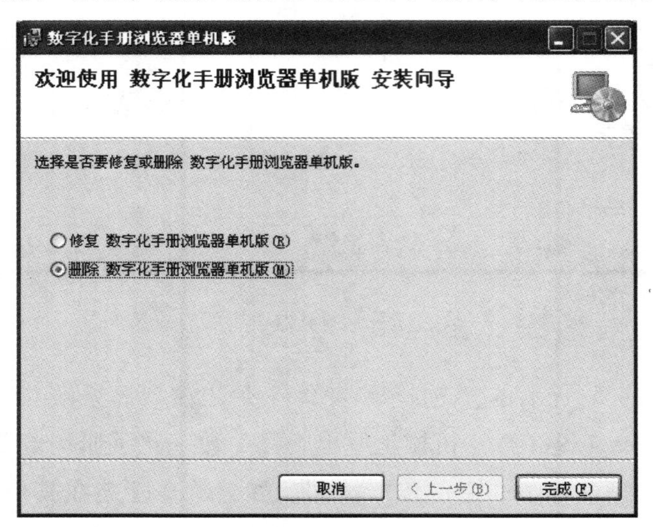

图 1-6　“选择是否要修复或删除数字化手册浏览器单机版”窗口

6）在图 1-7 所示的“确认安装”窗口中，用户可单击“上一步”按钮返回上一步重新调整安装文件夹，或单击“下一步”按钮开始安装。

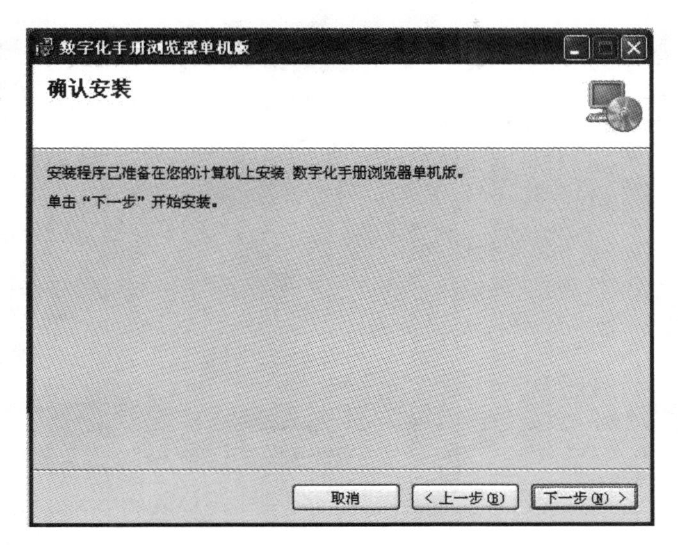

图 1-7　“确认安装”窗口

7）在安装过程中，安装向导显示如图 1-8 所示的安装过程。在此期间，用户可随时单击“取消”按钮取消当前的安装。

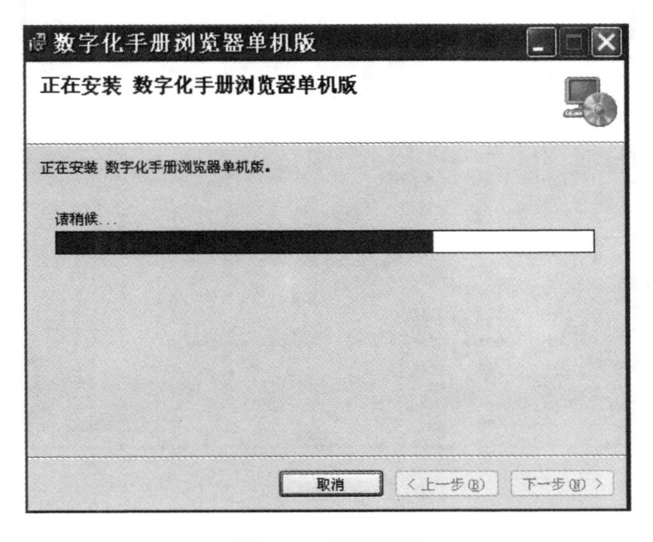

图 1-8　安装过程

8）数字化手册单机版安装完成后，开始安装数字化手册（图 1-9），显示数字化手册的安装路径，并验证安装包，将数字化手册解压到指定目录。

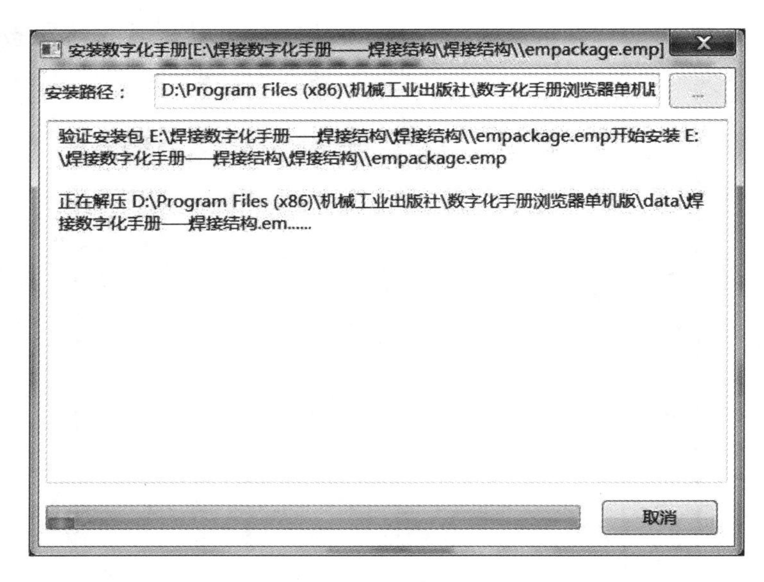

图 1-9　“安装数字化手册”对话框

9）当安装成功后，安装向导显示图 1-10 的“安装完成”窗口，提示用户系统已正确安装完成。单击“关闭”按钮，完成安装。

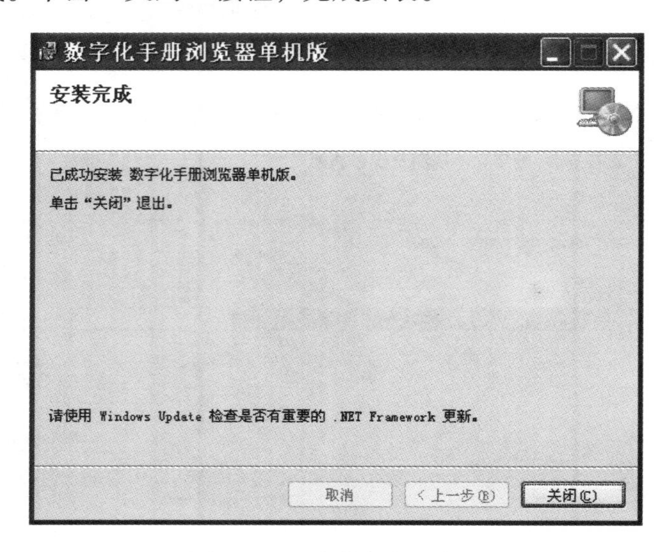

图 1-10　“安装完成”窗口

2. 多个数字化手册的安装

与其他常见的数字化手册不同，本数字化手册软件系统采用了“数字化手册浏览器＋数字化手册内容包”模式，即由一个称为“数字化手册浏览器”（以下简称浏览器，请注意不要与IE浏览器混淆）的应用软件来解释运行每个具体的数字化手册内容包，从而支持在同一台个人计算机上安装和运行多个不同的数字化手册。

在用户安装完一个数字化手册后，如果需要在同一台个人计算机上安装下一个数字化手册，其步骤为：首先，从安装光盘的根目录中复制扩展名为.emp的文件，保存在自己设定的文件夹中；然后，在已经打开的浏览器的工具栏上单击“打开”按钮，打开.emp文件，系统会自动完成数字化手册的解压、安装过程。

1.3 启动数字化手册

数字化手册安装完毕后，单击Windows的“开始”→“所有程序”→“数字化手册运行平台”程序组下的“数字化手册浏览器（单机版）”；或者右键单击“数字化手册浏览器（单机版）”，选择“发送到”→“桌面快捷方式”，双击快捷方式即可启动本数字化手册。

当用户第一次启动数字化手册时，软件系统将自动弹出如图1-11所示的“数字化手册注册”对话框，要求用户完成注册以取得合法使用数字化手册的权利。只有在完成注册和取得授权后，用户才能正常使用数字化手册。

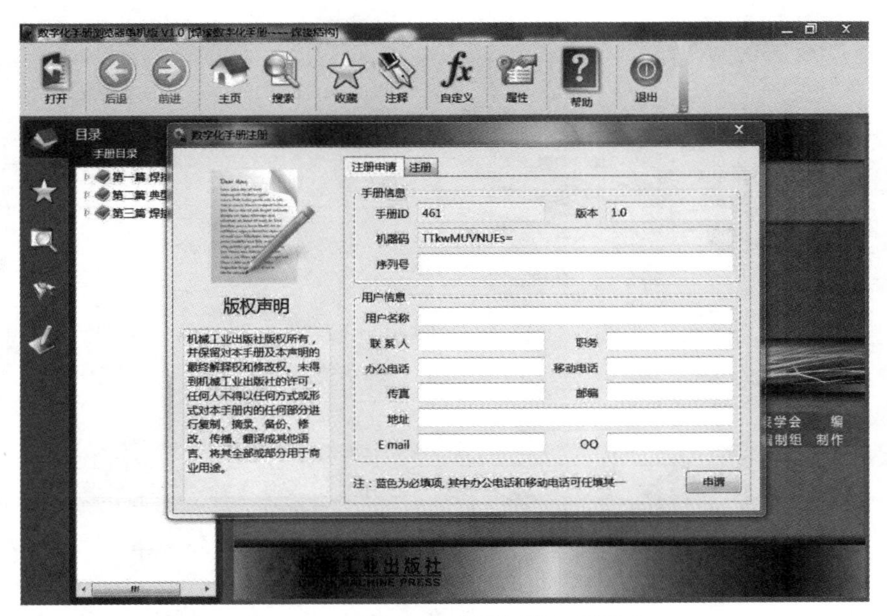

图1-11　“数字化手册注册”对话框

1.4 数字化手册注册

注册数字化手册的具体操作步骤如下：

1. 注册申请

用户可采用两种方式完成数字化手册的注册申请。

（1）文件注册申请方式（推荐）

1）在系统自动弹出的“数字化手册注册”对话框的“注册申请”选项卡（图1-12）中（如果该选项卡被关闭，用户可单击工具栏上的“属性”按钮弹出“属性”对话框，单击“授权”选项卡，根据系统提示单击“立即注册”按钮，重新打开“数字化手册注册”对话框）输入手册序列号、用户（单位）名称、联系人、联系电话、地址、E-mail等信息。其中手册序列号、用户（单位）名称、联系人为必填项，办公电话和移动电话任填其一。

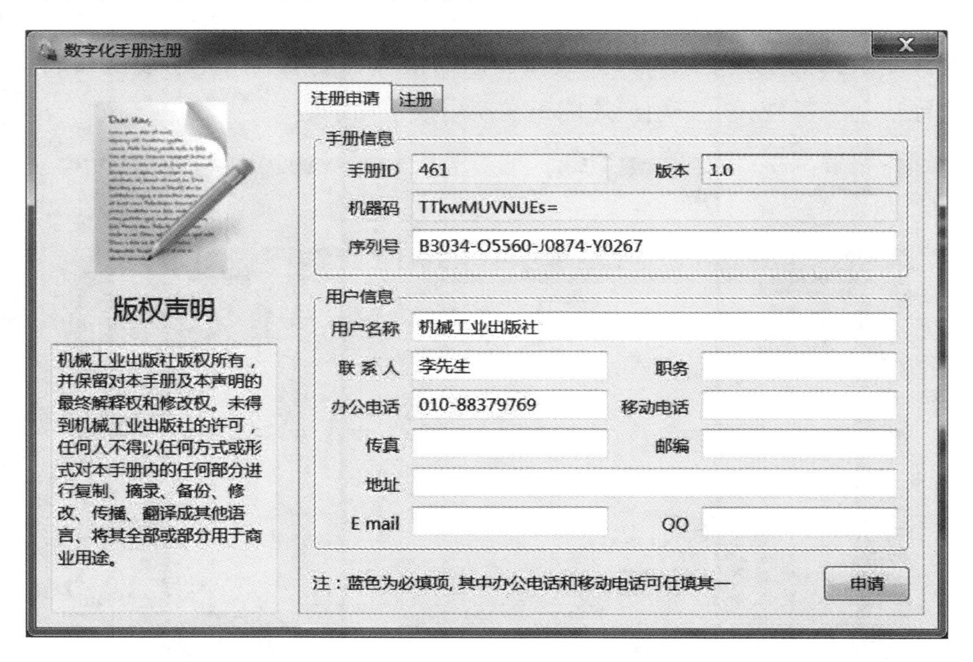

图1-12 “数字化手册注册”对话框的“注册申请”选项卡

温馨提示： 数字化手册的序列号在光盘的正下方。输入序列号时请注意区分大小写，否则在授权时系统会提示此序列号不存在，从而导致无法授权，影响使用。

2）填写完成后，单击选项卡右下方的“申请”按钮，在随即弹出的文件保存对话框中，选择一个文件夹，保存系统生成的注册申请文件（文件扩展名为.req）。

3）用户通过电子邮件（2822115232@qq.com）或QQ（2822115232）等网络通信工具，将注册申请文件发送给客服人员，向客服人员申请授权文件。

（2）手工注册申请方式　对因保密等其他原因不方便外发电子文件的单位或个人，用户可通过传真、书信等方式，将手册序列号、机器码、用户（单位）名称、联系人、联系电话、地址、E-mail等信息告知客服人员，向客服人员申请授权文件。

2. 完成注册

1）当用户收到客服人员发送的手册授权文件（文件扩展名为.lic）后，运行数字化手册，在自动弹出的“数字化手册注册”对话框中（如果该对话框被关闭，用户可单击工具栏上的“属性”按钮，弹出“属性”对话框；单击“授权”选项卡，根据系统提示单击“立即注册”按钮，重新打开“数字化手册注册”对话框），单击“注册”选项卡；然后，单击左下方的“加载授权文件”按钮，加载授权文件（图1-13）；最后，单击右下方的“注册”按钮，完成数字化手册的注册。

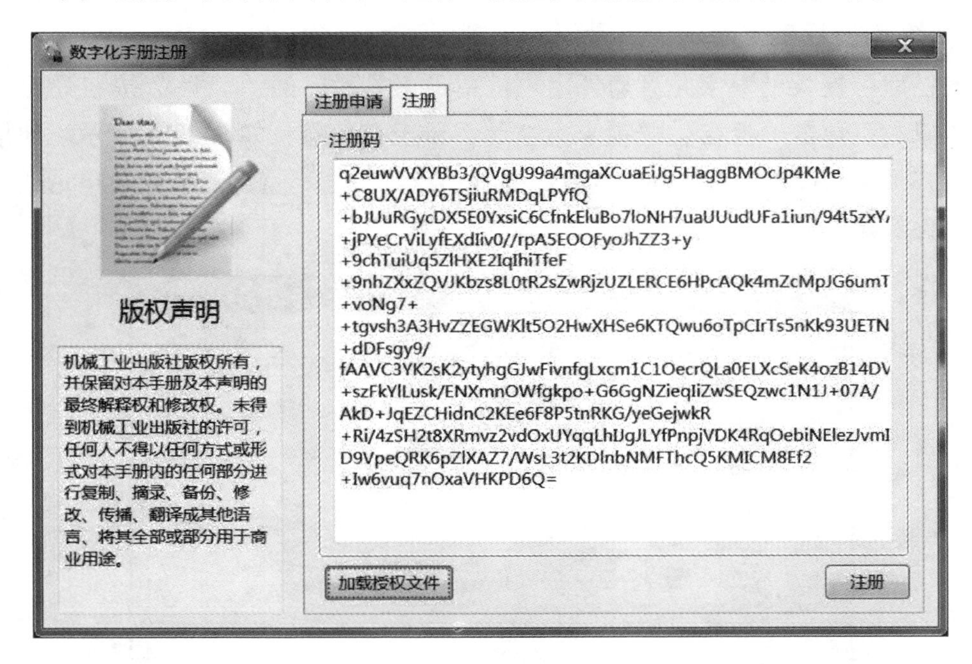

图1-13　“数字化手册注册”对话框的“注册”选项卡

2）注册通过后，数字化手册浏览器将显示“注册成功”的信息提示，如图1-14所示，表示用户已取得授权。单击“确定”按钮，即可正常使用数字化手册。

图 1-14 “注册成功”信息提示

3. 查看授权信息

对已取得授权的数字化手册，用户可单击工具栏上的“属性”按钮弹出“属性”对话框，单击“授权”选项卡，查看手册授权信息，如图 1-15 所示。如果需要，用户也可通过单击左下方的“更新授权信息”按钮，重新进行注册申请或更新授权文件等操作。

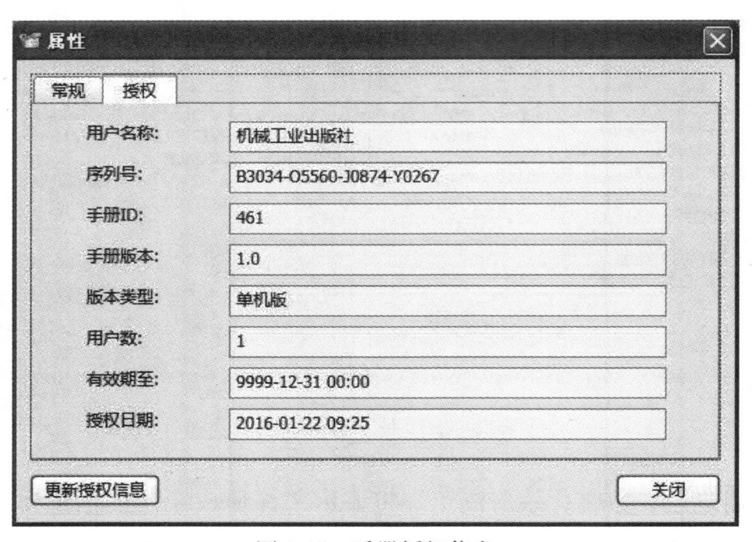

图 1-15 手册授权信息

温馨提示： 数字化手册的每一个授权文件是和计算机的机器码相对应的，用户如果需要在不同的计算机上进行安装，只需用同一序列号重新注册即可。请用户妥善保存好每一台计算机上数字化手册相对应的授权文件，一旦因其他原因需要重新安装系统时，只需重新加载授权文件即可。

1.5　系统卸载

用户可通过 Windows 的“开始”→“所有程序”→“数字化手册运行平台”→“卸载数字化手册浏览器（单机版）”来卸载已安装的程序；或通过桌面左下角的“开始”→“控制面板”→“程序和功能”选中“数字化手册浏览器单机版”，卸载已安装的程序。

第2章　系统功能简介

2.1　打开数字化手册

当数字化手册安装、注册完成后，用户单击桌面左下方的“开始”→“所有程序”→“数字化手册运行平台”→“数字化手册浏览器（单机版）”，打开“焊接数字化手册　焊接结构”，如图2-1所示。

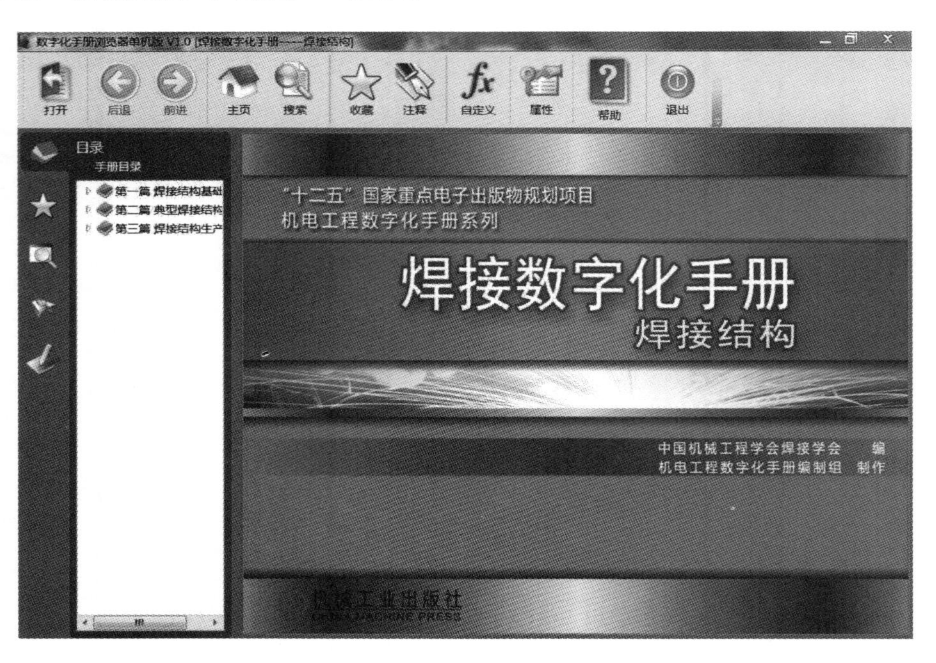

图2-1　打开的“焊接数字化手册　焊接结构”

如果在同一台计算机上安装了多个不同的数字化手册，用户可通过单击工具栏上的“打开”按钮，来选择打开某个已安装的数字化手册（在用户选择安装的文件夹Program Files（×86）\ 机械工业出版社 \ 数字化手册浏览器单机版 \ data中，选择需要打开的扩展名为.em的文件）。浏览器会记录用户最后打开的数字化手册，并在下次启动时自动打开该数字化手册。

2.2　数字化手册窗口

如图 2-2 所示，数字化手册窗口分为 4 个功能区域。

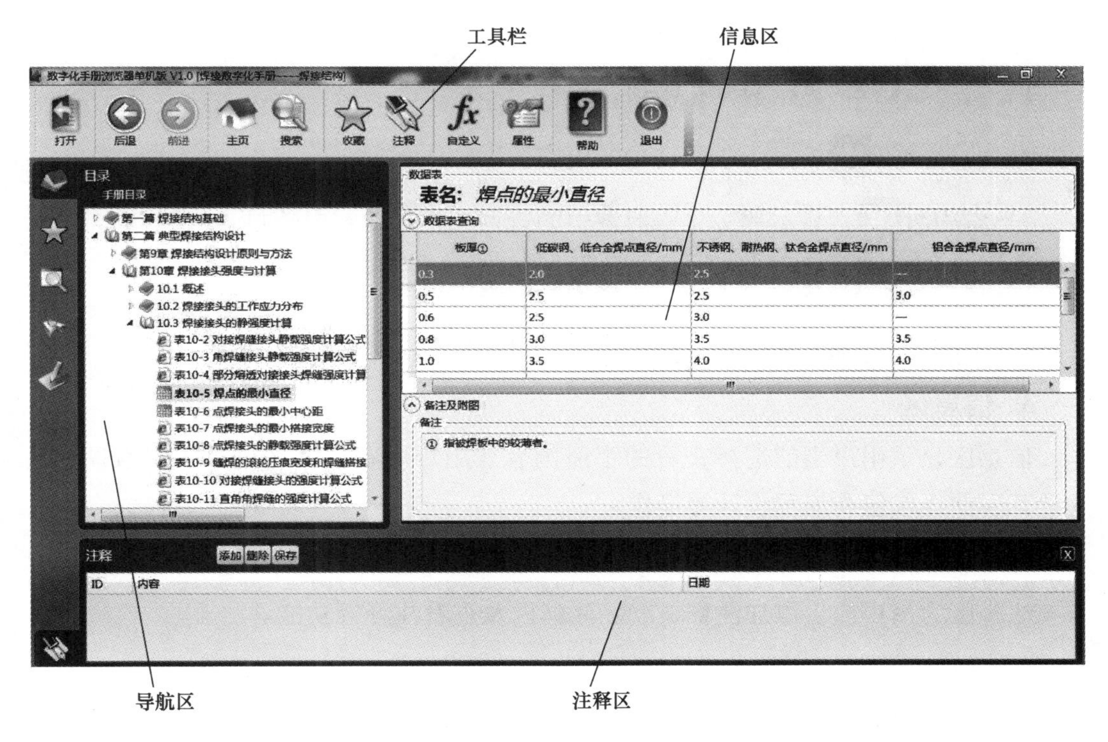

图 2-2　数字化手册窗口

1. 工具栏

以按钮的方式为用户提供各项命令入口。具体包括以下命令按钮：

1）打开：打开数字化手册。

2）后退：显示已打开的一个信息区的内容。

3）前进：显示已打开的下一个信息区的内容。

4）主页：跳转到数字化手册信息区的初始内容。

5）搜索：将导航区切换到搜索页。

6）收藏：将当前浏览器内容添加到收藏夹。

7）注释：打开或关闭注释区窗口。

8）自定义：将导航区切换到自定义页。

9）属性：显示数字化手册“属性”对话框。

10）帮助：显示当前数字化手册的帮助文件。

11）退出：关闭数字化手册浏览器。

2. 导航区

导航区由以下5个功能页组成。

1）目录页：显示数字化手册目录树。

2）收藏夹页：显示收藏夹中的内容。

3）索引页：显示数字化手册索引的查询文本框及索引条目。

4）搜索页：显示数字化手册搜索查询文本框。

5）自定义页：显示用户自定义资源目录树。

3. 信息区

信息区显示用户当前选择查看的手册内容。用户可在信息区进行资料查阅、公式计算、曲线取值和流程设计等操作。

4. 注释区

注释区为用户提供添加注释、删除注释以及查看注释等功能。

2.3　数字化手册目录树

数字化手册的内容是按照目录树方式进行结构化组织的，当用户成功打开一个数字化手册后，浏览器将自动在导航区中显示该手册的目录树（见图2-3）。

用户可单击目录树的展开图标▷展开文件夹，或单击折叠图标◢折叠文件夹；也可通过在目录树窗口中选中一个文件夹节点后，单击鼠标右键，在随即弹出的快捷菜单中选择“展开所有”或“折叠所有”，来展开或折叠所有的节点。

温馨提示：为方便用户使用，本数字化手册的目录、内容编排与机械工业出版社出版的《焊接手册　焊接结构（第3版/修订本）》（ISBN 978-7-111-49282-5）基本一致。

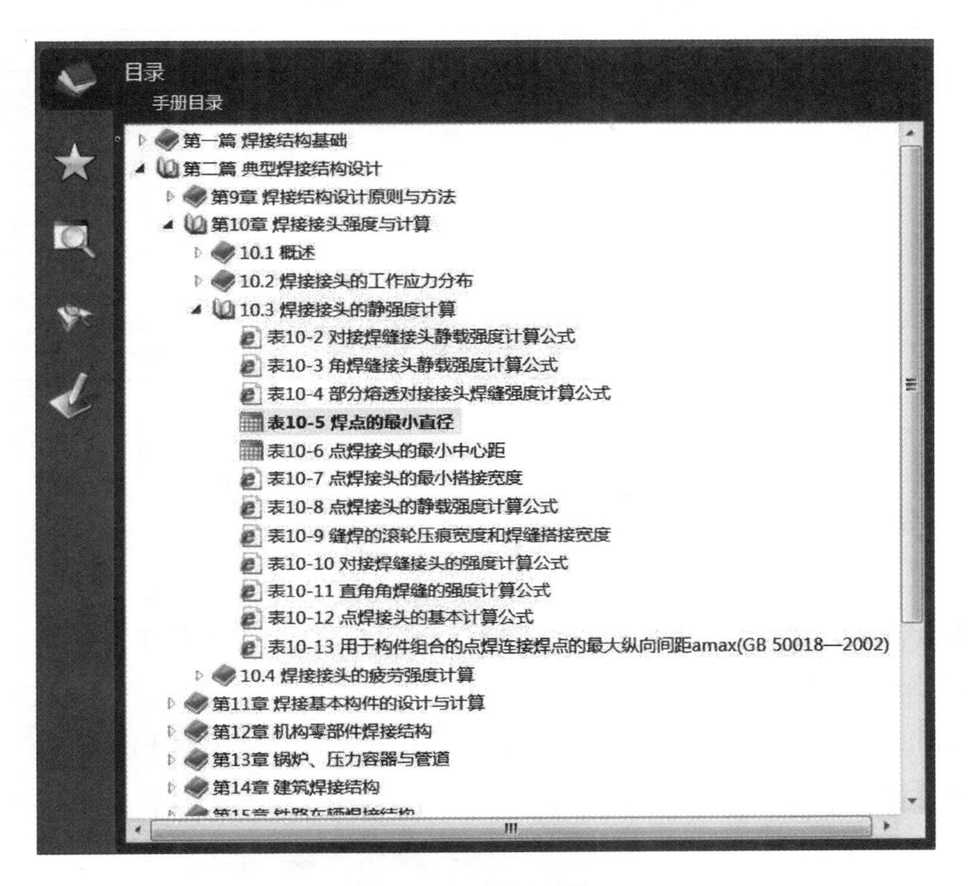

图 2-3　手册目录树

1. 目录树节点类型

目录树的节点分为文件夹节点和资源节点。文件夹节点分别有展开和折叠两种状态，用户可通过单击相应展开或折叠图标来展开或折叠文件夹。资源节点代表一个具体的手册资源，手册资源有多种类型，可能是网页、数据表、公式，也可能是图像文件或曲线，每种类型的资源由不同的图标表示。当用户单击一个资源节点时，浏览器会自动根据该资源的类型，调用不同的资源运行器，在信息区展示该资源的具体内容。

2. 资源类型及图标

数字化手册中每种类型的资源由不同的图标表示，表 2-1 中列出了数字化手册常见的资源类型及对应的图标。

表 2-1 数字化手册常见的资源类型及对应的图标

序 号	资源类型	资源图标	作 用
1	网页		查看网页内容
2	数据表		数据查阅
3	公式		执行公式计算
4	曲线		曲线取值
5	设计流程		运行流程，进行工程设计
6	图像文件		查看图像

2.4 数字化手册索引

数字化手册索引是数字化手册内容的另一种组织形式，它按照中文拼音或表号排序列表显示手册所有的内容。

如图 2-4 所示，单击导航区左侧的“索引”页标，浏览器自动在导航区列出所有的按中文拼音或表号排序的手册资源列表，用户可直接选中一个条目使其在信息区显示。

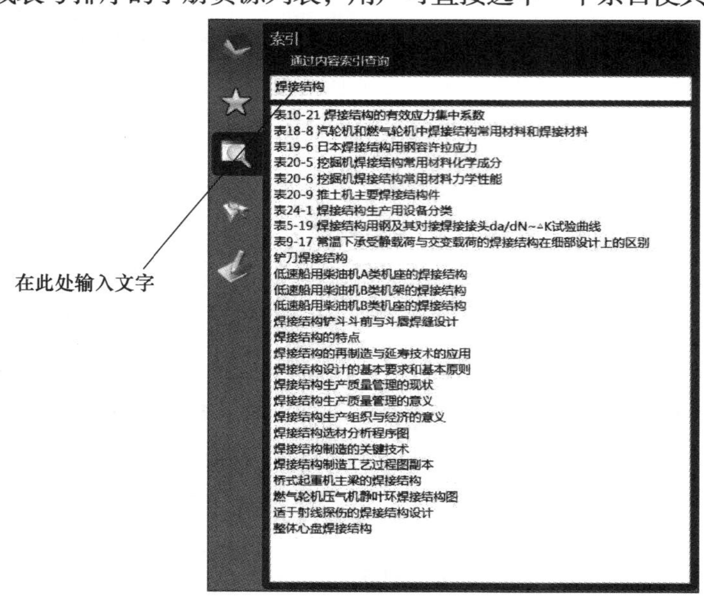

图 2-4 数字化手册索引

用户对索引更有效的操作是通过输入文字对索引列表中的内容进行快速筛选。在图 2-4 所示的文本框输入文字的过程中，浏览器会根据输入内容自动快速对索引条目进行全文匹配动态筛选，只有包含输入文字的索引条目才会出现在列表框中。通过此方法，用户可快速搜索和定位手册内容。

2.5　注释

在浏览数字化手册时，用户可以采用对指定窗口添加注释的方式添加客户数据，以便再次浏览该窗口时显示客户数据，方便阅读和记录要点。

对注释功能的所有操作都需要使用工具栏上的“注释”按钮，打开注释区（见图 2-5）后才能进行。

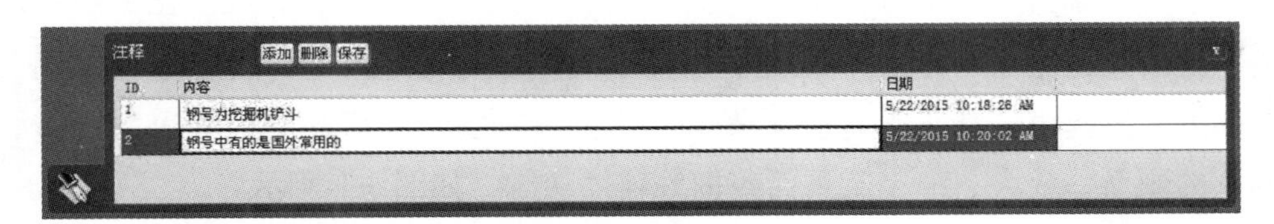

图 2-5　注释区

1. 添加注释

在注释区中，单击“添加”按钮，则可对当前正在浏览的内容添加一条注释。用户在内容列中填写具体的注释内容后，单击“保存”按钮即可进行保存。一个内容可以添加多条注释。

2. 查看注释

在浏览过程中，只要用户打开了注释区，浏览器则会自动将当前正在浏览的内容注释[⊖]显示在注释区中，以供用户查看。

3. 删除注释

用户在注释区选中需要删除的注释行，单击“删除”按钮即可，最后单击“保存”按钮进行保存。

⊖ 数字化手册中的原始内容并非均有注释。注释仅出现在原始内容需要说明时。

第 3 章　数字化手册资源的使用

本数字化手册为用户提供了网页、数据表、图像和曲线等多种资源，它们构成了数字化手册的具体内容。用户可利用浏览器提供的资源运行功能，通过操作和使用这些资源来实现辅助工程设计的目的。

3.1　网页资源的使用

在手册目录树中单击图标，即可在信息区显示网页资源。数字化手册中的网页资源是通过浏览器内置的 Web 浏览器显示的。该浏览器除提供正常的 Web 网页显示功能外，还提供了禁止右键快捷菜单、禁止内容复制和另存等内容保护功能，以及网页的刷新、放大、缩小及页面查询等辅助功能，如图 3-1 所示。

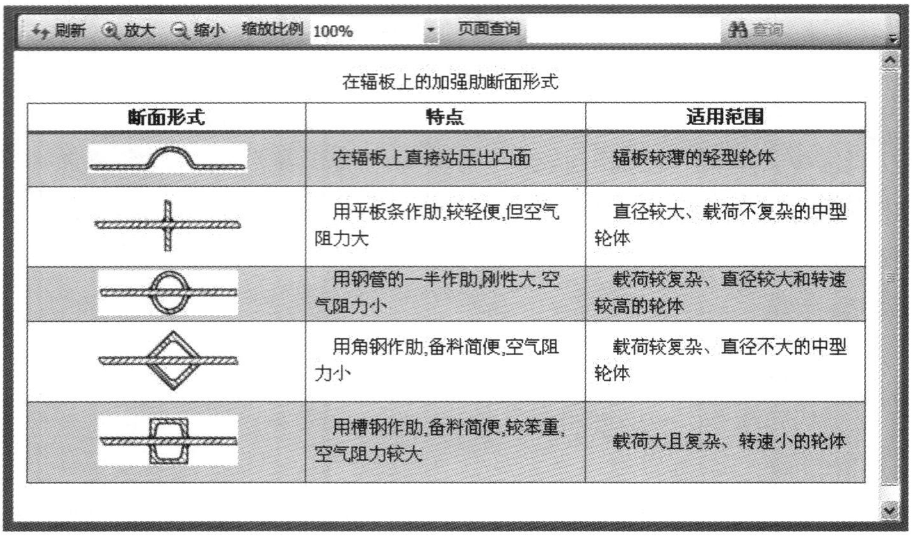

刷新　放大　缩小　缩放比例 100%　页面查询　查询

在辐板上的加强肋断面形式

断面形式	特点	适用范围
	在辐板上直接站压出凸面	辐板较薄的轻型轮体
	用平板条作肋,较轻便,但空气阻力大	直径较大、载荷不复杂的中型轮体
	用钢管的一半作肋,刚性大,空气阻力小	载荷较复杂、直径较大和转速较高的轮体
	用角钢作肋,备料简便,空气阻力小	载荷较复杂、直径不大的中型轮体
	用槽钢作肋,备料简便,较笨重,空气阻力较大	载荷大且复杂、转速小的轮体

图 3-1　数字化手册中的网页资源

在内置 Web 浏览器的工具条上提供的功能简述如下。

1）刷新：刷新当前网页。

2）放大：将当前网页放大一级进行显示。注意，该项功能需要 IE7（及以上）版本的支持。

3）缩小：将当前网页缩小一级进行显示。注意，该项功能需要 IE7（及以上）版本的支持。

4）缩放比例：直接选择当前网页的显示比例。

5）页面查询：在此文本框中输入查询文字。

6）查询：在当前网页中搜索查询文字并定位到第一个。

7）查询下一个：在当前网页中搜索查询文字并定位到下一个。

3.2　数据表资源的使用

在手册目录树中单击▦图标，即可在信息区显示数据表资源（图 3-2）。在“数据表”资源中，用户可查看到数据表的数据内容、备注以及附图。

数据表

表名：*KP系列标准型变位机的型号与规格*

数据表查询

型号	额定载重量/kg	最大重心高/mm	最大偏心距/mm	旋转转矩/N·m	倾斜转矩/N·m	回转速度/(r/min)
KP450	454	150	150	691	1209	0.07~1.66
KP1130	1135	150	150	1728	3456	0.05~1.25
KP1360	1362	300	300	4147	6567	0.04~1.03
KP1800	1816	150	150	2764	5760	0.04~1.03
KP2270	2270	150	150	3456	7488	0.04~1.03
KP2700	2724	300	300	8294	14517	0.04~1.03
KP4500	4540	300	300	13824	25635	0.03~0.66
KP5400	5448	300	300	16588	30762	0.03~0.66
KP9000	9080	300	300	27648	48390	0.02~0.04
KP11T	11350	300	300	34560	60486	0.02~0.04
KP13T	13620	300	300	41472	81226	0.02~0.39
KP18T	18160	300	300	55296	108301	0.01~0.25
KP22T	22700	300	300	69120	135376	0.01~0.25
KP27T	27240	300	300	82940	153812	0.01~0.25

备注及附图

备注

注：额定载重量是指最大偏心距、最大重心高时的载重量。若焊件安装在工作台上后，其生产的偏心距、重心高小于最大值时，则载重量还可有限度地增加，其增加量的计算请参考文献[33]

图 3-2　数字化手册中的“数据表”资源

用户通过单击“备注及附图”即可打开或关闭备注及附图中的内容。

数据表采用行选方式显示当前选择的数据行，用鼠标左键双击当前数据行，系统会自动弹出如图 3-3 所示的“数据表单行数据查看”对话框。在此对话框中用户能够更完整地查看数据内容和保存数据。

列名	列值
型号	KP1130
额定载重量/kg	1135
最大重心高/mm	150
最大偏心距/mm	150
旋转转矩/N·m	1728
倾斜转矩/N·m	3456
回转速度/(r/min)	0.05~1.25
倾斜角度/(°)	135
工作台直径/mm	813
台面至倾斜轴中心线距离/r	152

图 3-3　“数据表单行数据查看”对话框

3.3　图像资源的使用

在手册目录树中单击图标，即可在信息区显示图像资源，如图 3-4 所示。

数字化手册浏览器内置的图像资源浏览器提供了对手册图像资源的显示及控制功能。

1）放大：按比例放大显示当前图像资源。

2）缩小：按比例缩小显示当前图像资源。

3）显示缩略图：单击图标可确定是否显示缩略图。

4）缩略图：在图像资源的右下方显示图像缩略图功能。用户可通过拖拉缩略图下方的滚动条放大或缩小图像；在图像处于放大的状态下，在缩略图中按下鼠标左键，拖拉取景框，就可以显示图像中的细节内容；在缩略图上方按下鼠标左键，通过拖动可改变缩略图在信息区中的位置。

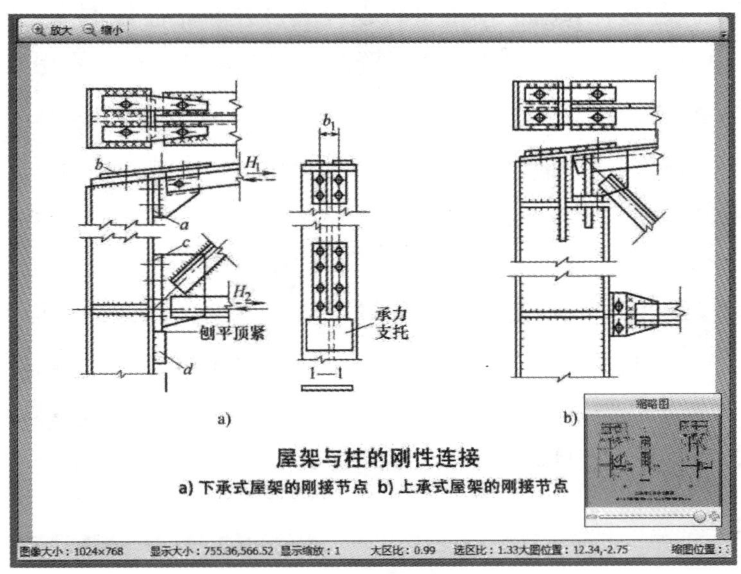

图 3-4　数字化手册中的图像资源

3.4　曲线资源的使用

在手册目录树中单击图标，即可在信息区显示曲线图资源，如图 3-5 所示。

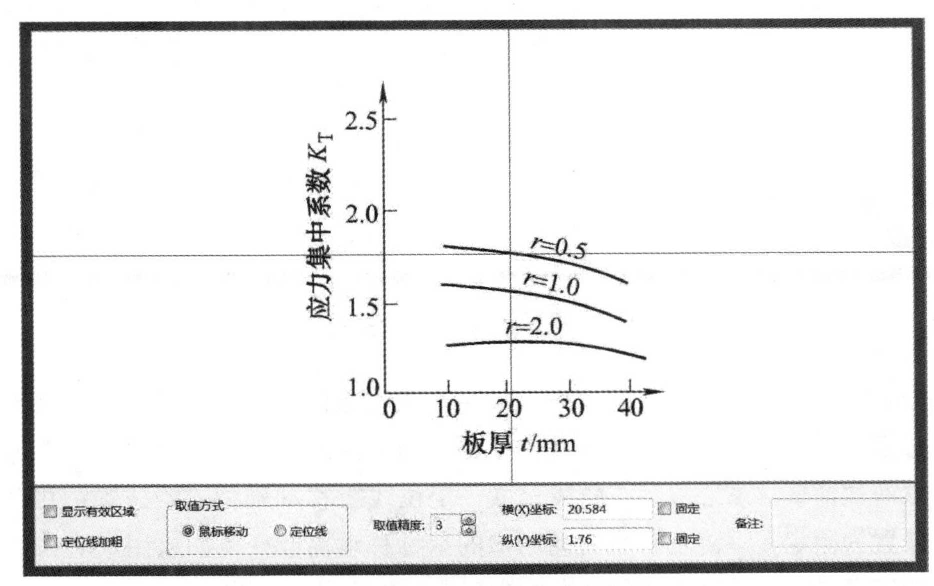

图 3-5　数字化手册中的曲线资源

曲线资源是一种在计算机上模拟工程设计人员在一张曲线图上手工对线取值的手册资源。用户可通过浏览器提供的曲线资源，在计算机上对曲线完成对线取值。

1. 取值方式

利用曲线取值时，可采取“鼠标移动”和“定位线”两种方式。

1）当采取“鼠标移动”取值时，定位线随用户的鼠标移动，并即时在窗口下方的横（纵）坐标框中显示当前鼠标位置所在的横（纵）坐标值（图3-5）。

2）当采取“定位线”取值时，定位线不随用户的鼠标移动，而要求用户将鼠标放置在横（纵）定位线上，当出现移动光标时按下鼠标左健，然后拖动定位线到期望的位置。在定位线拖动过程中，横（纵）坐标框中会自动显示当前定位线所在的横（纵）坐标值（图3-6）。

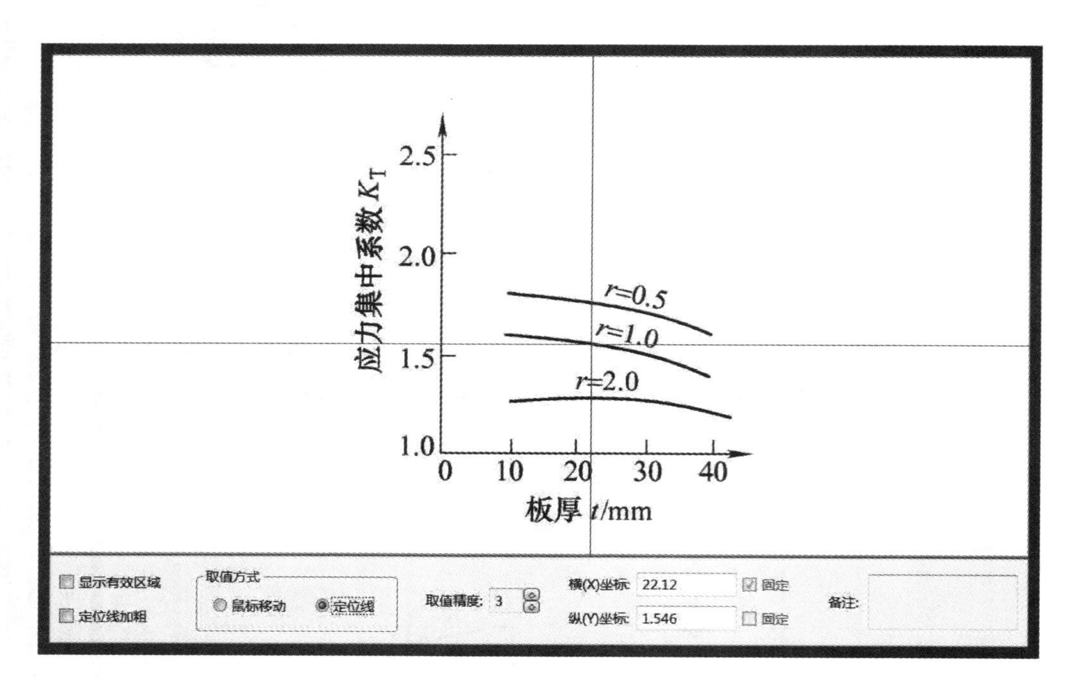

图3-6 曲线资源的“定位线”取值

除通过鼠标移动或拖动定位线方式来完成曲线取值外，用户也可在曲线资源中的横坐标框或纵坐标框中直接输入数值来确定曲线的取值位置。当用户在坐标框中输入有效的数值后，系统自动在曲线上将“定位线”移动到相应的位置，并自动将该坐标设置为固定，以防止该位置随用户的鼠标移动而改变。如果用户输入的数值在曲线图定义之外，系统不会移动定位线，也不会给出错误提示。

2. 辅助功能

在利用曲线取值时，用户可使用以下功能来辅助取值。

1）通过选择“显示有效区域”复选框可显示或隐藏曲线定义的取值区域。

2）通过选择“定位线加粗”复选框可加粗或正常显示取值定位线。

3）“取值精度”决定取值中小数点保留的位数。如果取值精度为3，而横坐标取值为22.12（图3-6），则实际数值应标记为22.120，以此类推。在取值过程中，用户可随时通过上下调整键修改当前的取值精度。

第 4 章　内 容 查 询

数字化手册的一个重要功能，就是帮助用户快速、准确地查询到所需的资料和数据。内容查询的方式主要有目录查询、索引查询、搜索查询和数据表查询。

4.1　目录查询

目录查询是指按照数字化手册目录树，以多层级树形展开、折叠方式对手册内容进行查询。目录查询如图 4-1 所示。

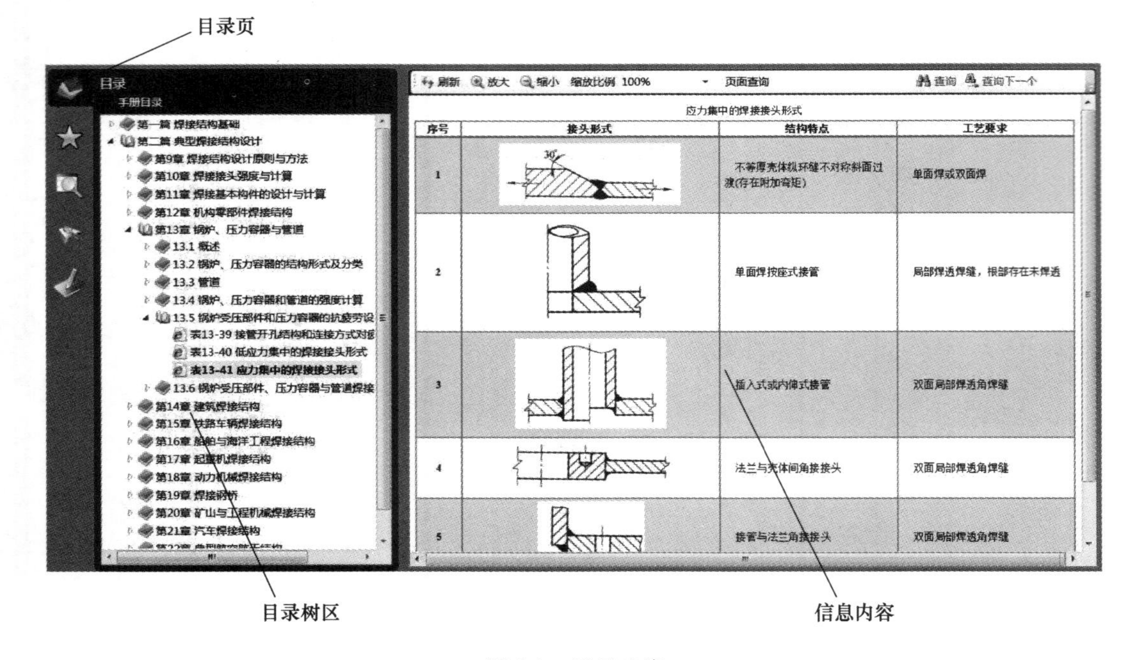

图 4-1　目录查询

1）启动目录查询：单击导航区的“目录”图标，在导航区中显示手册目录树。

2）展开/折叠：目录树可以通过双击的方法展开或折叠一个文件夹；也可以单

击▷展开一个文件夹，单击◢折叠一个文件夹（在 WindowsXP 系统下，展开图标为⊞，折叠图标为⊟）。此外，用户也可在选中一个文件夹节点后，单击鼠标右键，在随即弹出的快捷菜单中，选择“展开所有”或“折叠所有”，来展开或折叠所有的节点。

3）显示内容：单击目录树中任意一个资源节点，浏览器将自动在信息区显示该资源节点指向的信息内容。

4.2 索引查询

索引查询是指按照手册资源标题文字或表号排序的方式对手册内容进行查询。索引查询如图 4-2 所示。

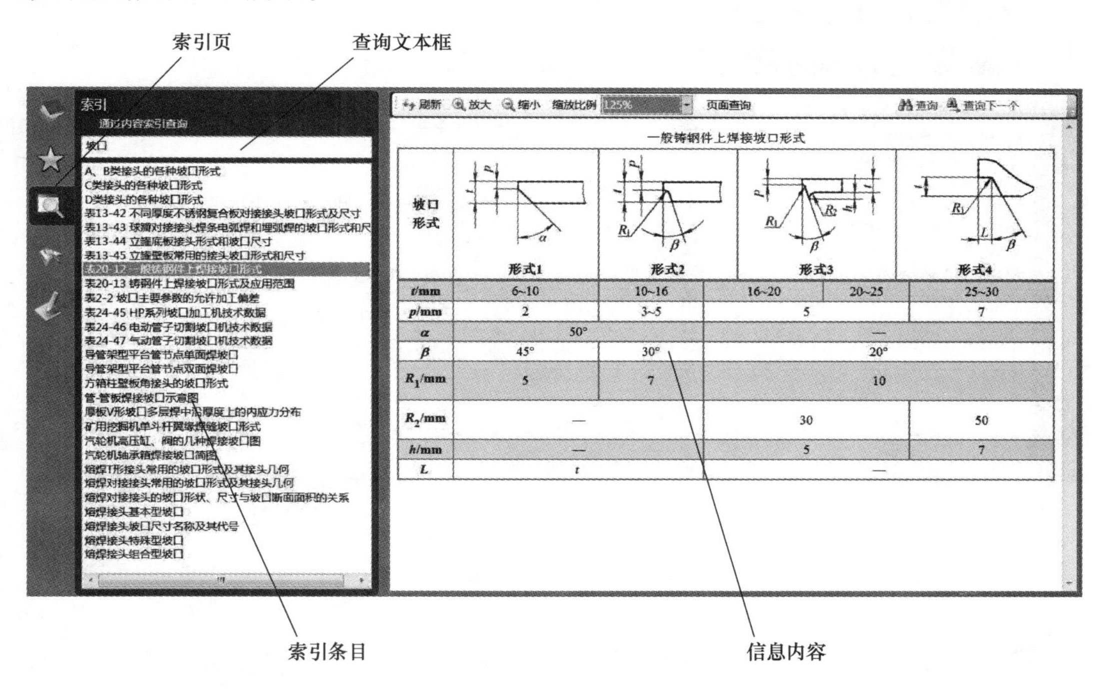

图 4-2 索引查询

1）启动索引查询：单击导航区的“索引”图标，在导航区中显示本手册所有的索引条目。

2）索引筛选：在查询文本框中输入需要查询的关键字，浏览器自动根据输入的文字，快速对索引条目进行全文匹配动态筛选，只有包含输入文字的索引条目才会出现在列表框中。

3）显示内容：单击索引条目中任意一个条目，浏览器将自动在信息区显示该条目指向的信息内容。

4.3　搜索查询

搜索查询是指在手册条目标题、注释以及数据表中对用户输入的关键字进行模糊匹配查询，帮助用户快速查找到感兴趣的内容。搜索查询如图 4-3 所示。

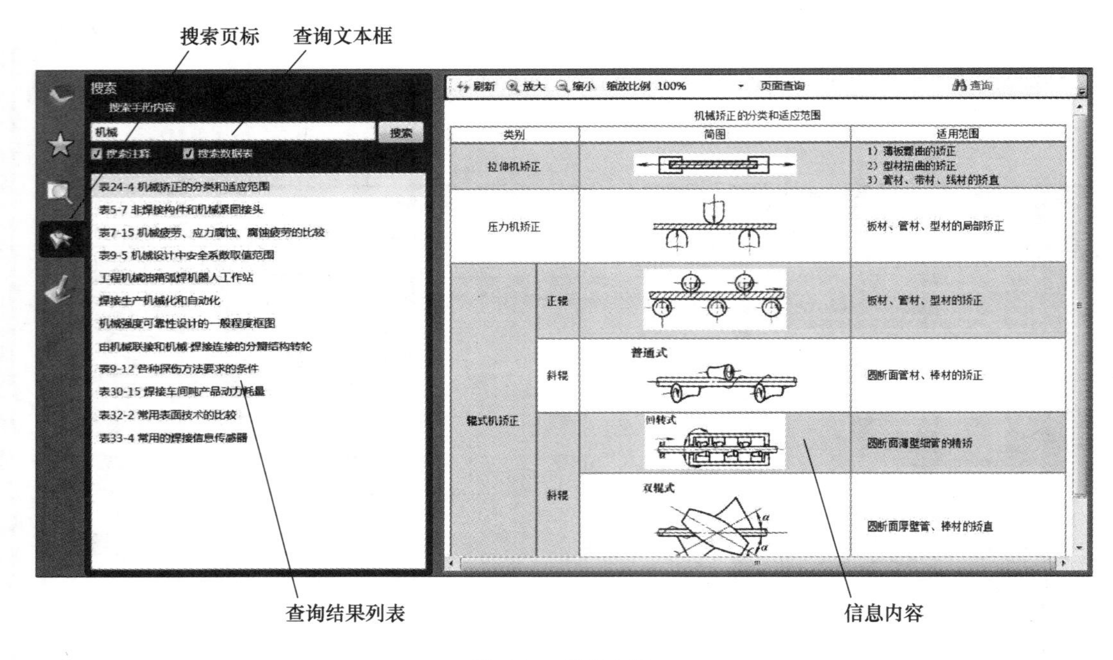

图 4-3　搜索查询

1）启动搜索查询：单击导航区的“搜索”图标，在导航区显示搜索查询文本框。

2）输入关键字：在查询文本框中输入需要查询的关键字。浏览器根据用户选择的查询范围，在手册条目标题、注释以及数据表中对用户输入的关键字进行模糊匹配查询。

3）选择查询范围：浏览器默认只在手册条目标题中查询关键字，用户如果需要同时在注释或数据表中查询关键字，请选中“搜索注释”或“搜索数据表”复选框。

4）执行查询：单击搜索查询的“搜索”按钮，执行查询。浏览器将根据用户选择的查询范围对用户输入的关键字进行模糊匹配查询，并将符合查询条件的条目显示在查询结果列表中。

5）显示内容：单击查询结果列表中任意一个条目，浏览器将自动在信息区显示该条目指向的信息内容。

4.4　数据表查询

数据表查询是指在一个已经打开的数据表中对数据表内容进行更精确的查询。数据表查询如图4-4所示。

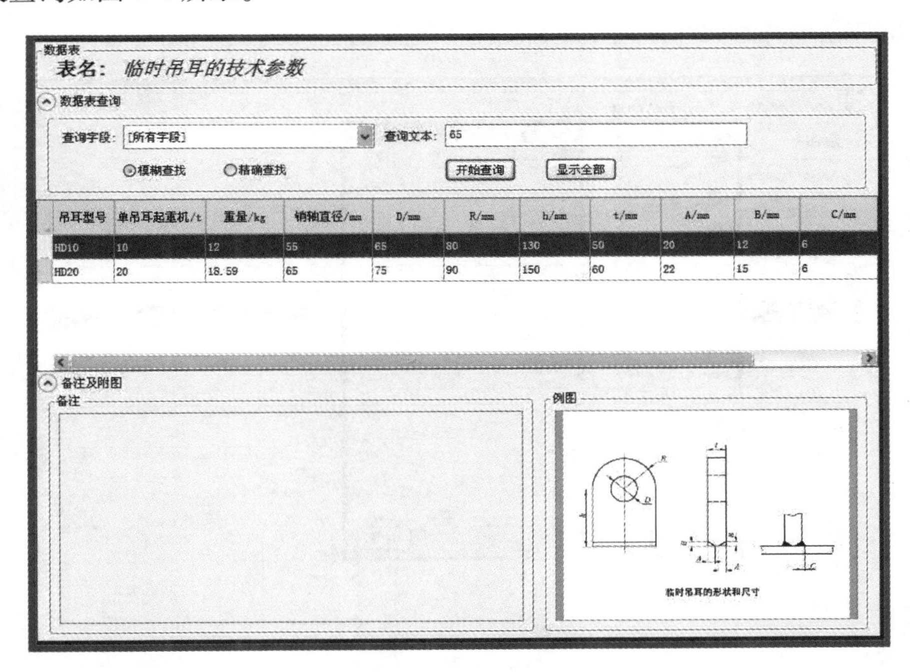

图4-4　数据表查询

1）打开数据表：采用前面提到的查询方法在信息区打开一个数据表，单击数据表中的“数据表查询”折叠按钮，打开数据表查询。

2）选择查询字段：在“查询字段”列表框中选择要查询的字段。浏览器自动列出该数据表中所有的字段，用户既可选择在某一个字段中查询，也可选择“[所有字段]”，在数据表所有字段中查询输入的关键字。

3）输入关键字：在“查询文本”框中输入要查询的关键字。浏览器根据用户输入的关键字在数据表中进行精确或模糊匹配查询。

4）选择查询方式：在数据表查询中选择“模糊查找”（默认）或“精确查找”方式。模糊查找是指只要数据表字段内容在任意位置包含输入的关键字，就认为是符合查询条件。精确查找是指只有数据表字段内容完全匹配输入的关键字，才被认为符合查询条件。

5）执行查询：单击数据表查询上的“开始查询”按钮，执行查询。浏览器自动将符合查询条件的数据行显示在下方的列表区中。如果没有查询到任何符合查询条件的数据行，浏览器只清空列表区而不显示提示对话框。

6）单行数据查看和导出：对任何出现在列表区中的数据行，用户均可双击鼠标左键弹出该行的“数据表单行数据查看”对话框，完整查看该数据行的内容，并可将该行的数据以文本文件方式导出，如图4-5所示。

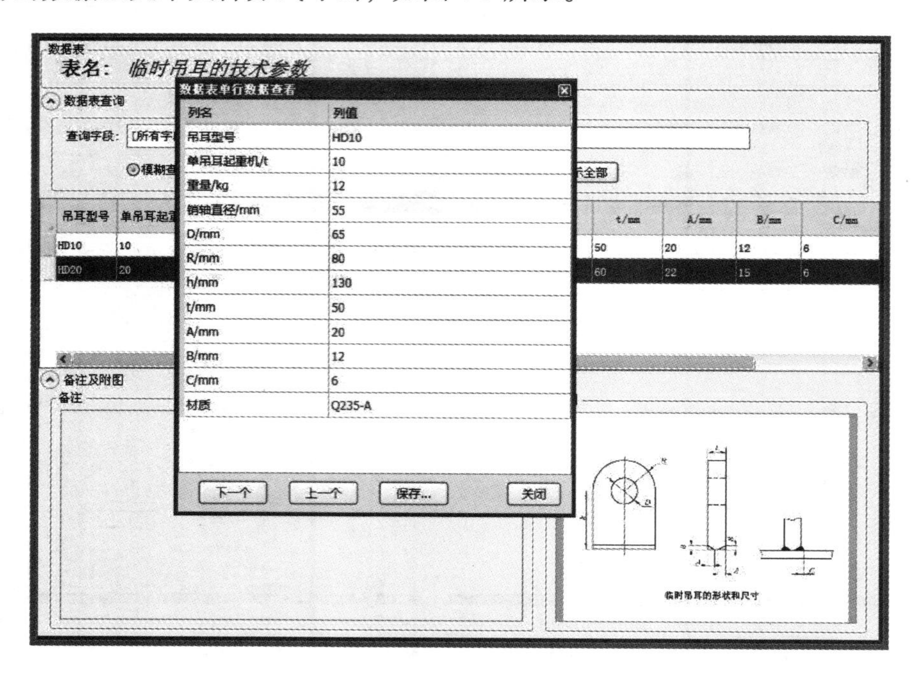

图4-5　“数据表单行数据查看”对话框

7）显示全部：查询结束后，用户可单击“数据表查询”中的“显示全部”按钮，重新在信息区中显示该数据表所有的数据行。

第 5 章　资源自定义

数字化手册为用户提供了资源自定义功能。手册用户可利用该项功能自行创建和使用数据表、公式和曲线三种手册资源，从而建立起客户化的手册资源库，满足用户对数字化手册扩展性的需求。在此仅介绍有关数据表和曲线资源的创建方法。

5.1　资源自定义管理

1. 打开资源自定义管理

用户单击工具栏上的自定义按钮 *fx* 或直接单击导航区的自定义页标，即可在导航区打开“自定义”对话框（图 5-1），开始资源自定义操作或查看自定义的资源内容。

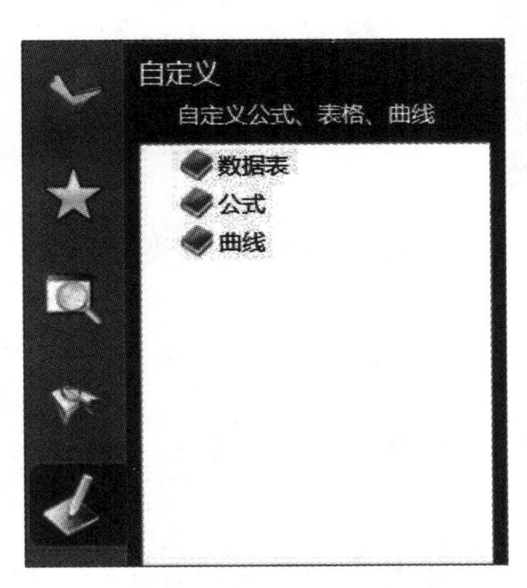

图 5-1　“自定义”对话框

在“自定义”对话框中，浏览器以树形结构对自定义的资源库进行内容组织。顶级三个节点分别代表数据表、公式和曲线三种自定义资源，用户可在这些顶级节点下分别创建、维护以及查看相应的资源。

2. 资源自定义的创建和维护

在“自定义”对话框中，用户选中一个节点后，利用鼠标右键快捷菜单功能（图5-2）即可进行资源自定义的创建和维护操作。

1）新建数据表：在当前位置创建一个数据表（或公式、或曲线）资源节点。

2）新建文件夹：在当前位置创建一个文件夹节点。

3）展开所有：展开所有自定义目录树节点。

4）折叠所有：折叠所有自定义目录树节点。

5）删除选择项：删除当前选择节点及该节点下所有的子节点项。

6）重命名：重新命名当前选择节点标题。

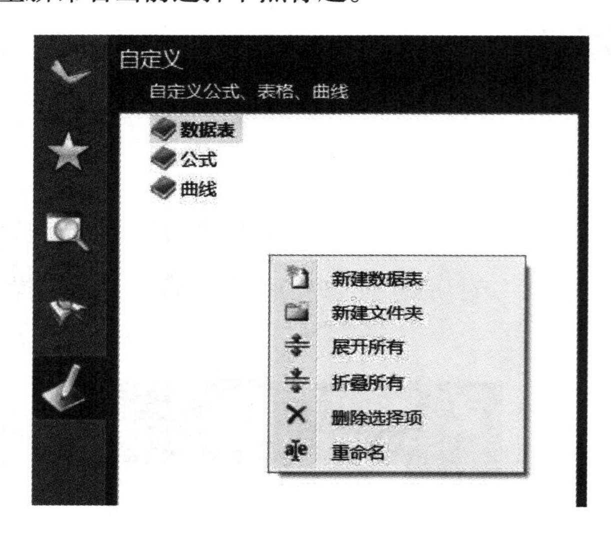

图5-2 “数据表”的快捷菜单

5.2 数据表资源自定义

本数字化手册的数据表资源开发采用两种方法：一种是手工设计开发，通过分别定义数据表结构和输入数据的方式来创建数据表资源；另一种是通过导入一个符合格式要求的Excel文件创建数据表资源。

1. 手工设计开发

（1）新增数据表资源 在“数据表”的快捷菜单（图5-2）中，单击“新建数据表”，浏览器自动弹出“自定义数据表属性”对话框（图 5-3），用户可在该对话框中修改数据表名称。

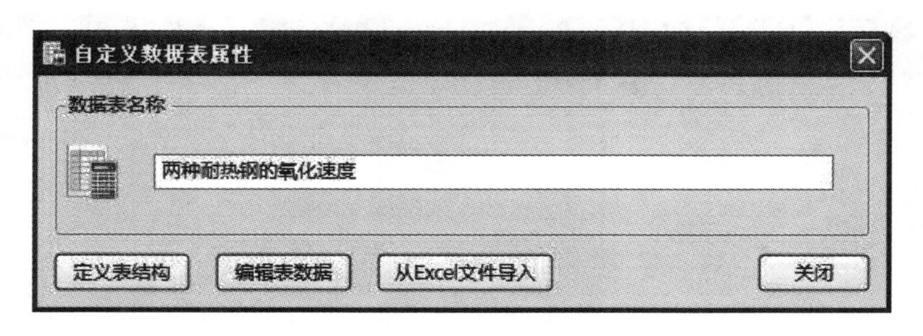

图 5-3　“自定义数据表属性”对话框

（2）定义数据表结构　单击“自定义数据表属性”对话框中的“定义表结构”按钮，弹出如图 5-4 所示的“数据表定义”对话框。用户可通过单击右侧的“添加”“删除”“修改”“上移”“下移”按钮来完成数据列的添加、删除、修改以及上下位置移动。不过，一旦数据表已经输入了数据，就只能对数据列的显示名称和显示宽度进行修改，不能再增加、删除和上下移动数据列。

图 5-4　“数据表定义”对话框的“数据表列定义”选项卡

数据表结构定义完成后，单击“保存”按钮进行保存。

（3）编辑数据表数据　当定义数据表结构完成后，单击“自定义数据表属性”

对话框中的“编辑表数据”按钮，弹出如图 5-5 所示的“数据表编辑”窗口。

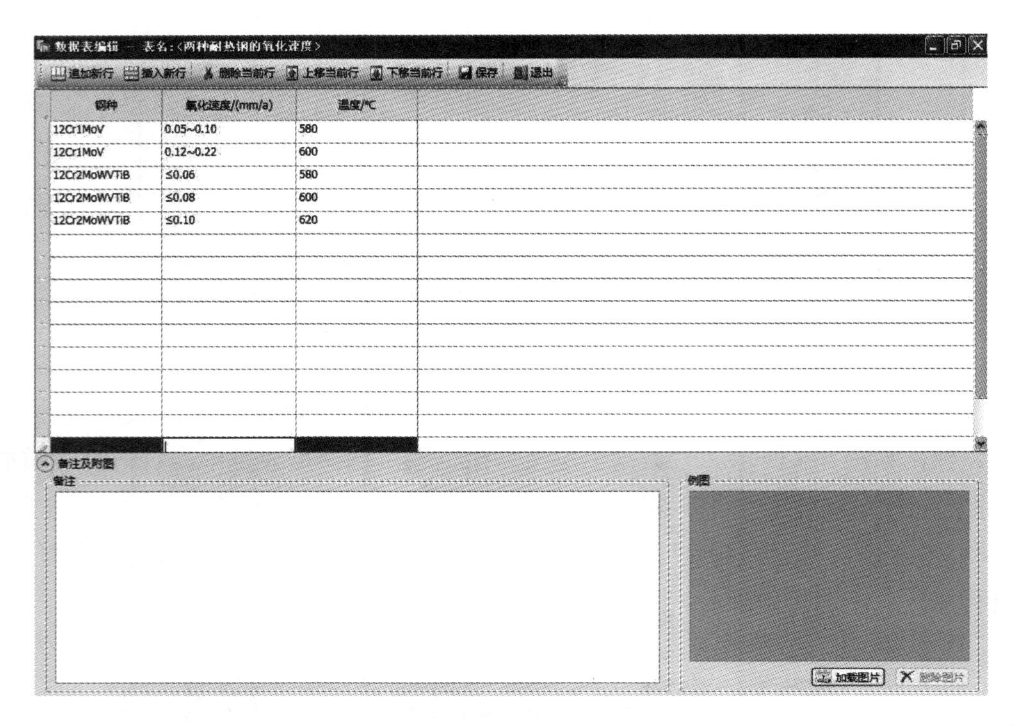

图 5-5 “编辑表数据”窗口

在该窗口中，用户可利用“追加新行”“插入新行”“删除当前行”“上移当前行”“下移当前行”等按钮，对数据表中的数据进行数据行的新增、删除、上下移动等操作，并可输入数据表备注，添加、删除数据表例图等。

在该窗口中，用户也可将鼠标放置在列分隔线附近，左右拖动数据列分隔线来直接改变数据列的显示宽度。单击“保存”按钮进行保存后，数据录入窗口中的列显示宽度将会自动应用到数据表的浏览窗口上。

2. 从 Excel 导入

（1）启动 Excel 导入功能 有两种方式可以启动 Excel 导入功能。一种方式是在“自定义数据表属性”对话框（图 5-3）中单击“从 Excel 导入”按钮，启动 Excel 的导入功能；另一种方式是在“自定义”对话框中，选择“数据表”顶级节点下任意一个已定义的数据表资源节点，单击鼠标右键，在弹出的快捷菜单中单击“导入 Excel”（图 5-6）按钮，启动 Excel 导入功能。如果当前数据表资源已定义了结构或数据，则系统会自动提示是否覆盖已有的结构和数据。

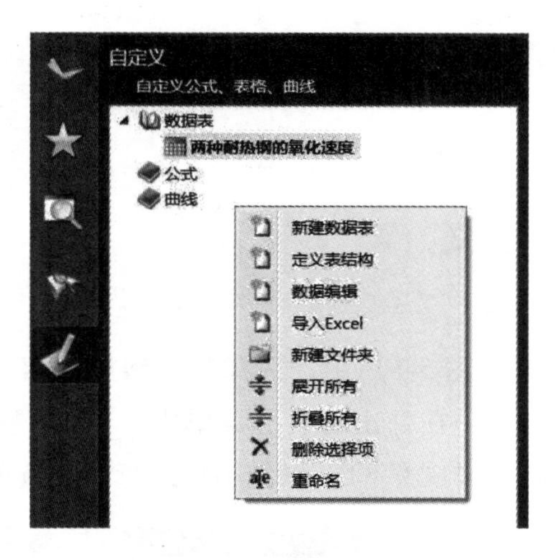

图 5-6　已定义数据表的快捷菜单

（2）对 Excel 文件的格式要求　如图 5-7 所示，在 Excel 中的数据必须采用二维数据表的格式，并放置在第一个数据页（sheet1）中；二维表的第一行是数据列标题，其他非空行是数据行数据。如果最后行是数据表的备注内容，则需要在行开头加上“< R >”以进行标识。

A6　<R>注：因屈服应力随板厚增加而降低时，基本容许应力随之降低。

	A	B	C	D	E
1	钢　种	轴向应力/MPa	弯曲应力/MPa	切应力/MPa	接触承压应力/MPa
2	Q235q	135	140	80	200
3	Q345q	200	210	120	300
4	Q370q	215	220	130	320
5	Q420q	245	270	150	365
6	<R>注：因屈服应力随板厚增加而降低时，基本容许应力随之降低。				

图 5-7　Excel 文件格式

3. 数据表资源修改

对任意一个已生成的数据表资源，用户均可在自定义资源目录树选中后，通过鼠标右键快捷菜单功能，来修改数据表结构和数据内容。

（1）数据表结构修改　如图 5-6 所示，单击“定义表结构”按钮，即可启动修改数据表结构的功能。其中，如果该数据表已输入了数据，则只允许用户修改数据列的显示名称和显示宽度。

（2）数据表内容修改　如图5-6所示，单击“数据编辑”按钮，即可启动修改数据表内容的功能。

5.3　曲线资源自定义

在“自定义”对话框（图5-1）中，选择“曲线”顶级节点或该顶级节点下任何一个节点，单击鼠标右键，在弹出的快捷菜单中，单击“新建曲线”按钮，浏览器自动弹出曲线图编辑窗口（图5-8），以供用户进行曲线资源的创建工作。

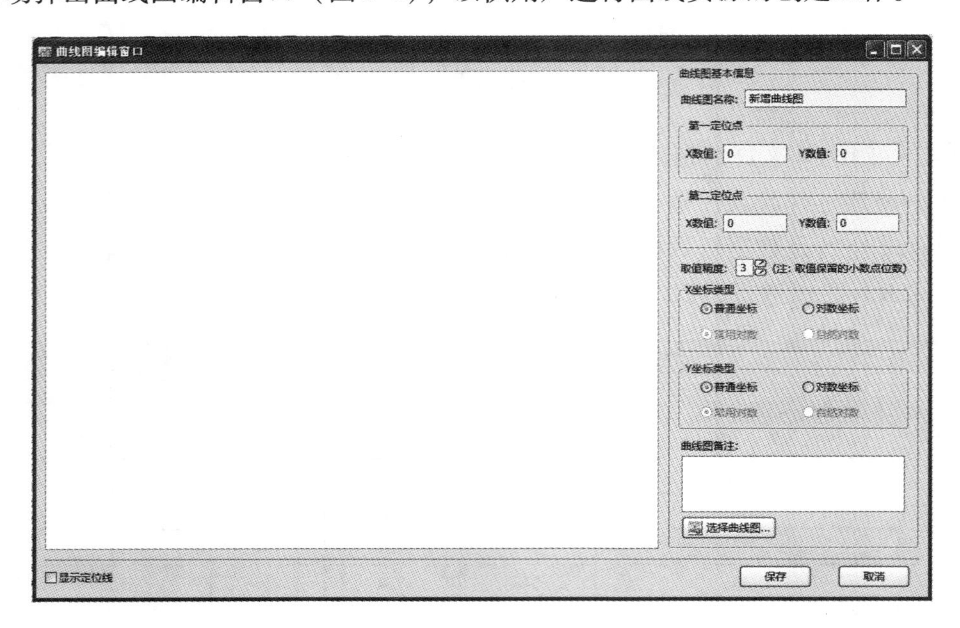

图5-8　曲线图编辑窗口

在曲线图编辑窗口中，用户可采用以下步骤完成一个曲线资源的设计：

1. 选择曲线图

单击曲线图编辑窗口右下的“选择曲线图”按钮，加载曲线图形文件（见图5-9）。

2. 定义曲线定位点

加载图形文件后，用户可在左下或右上定位点上按住鼠标左键，拖动到曲线有效取值区域的两个角点位置；在输入相应的数值后，按回车键，该定位点对应的 X、Y 数值，可自动添加到右侧的“曲线图基本信息”中的“第一定位点”和“第二定位点”的相应数值框中（图 5-10）。

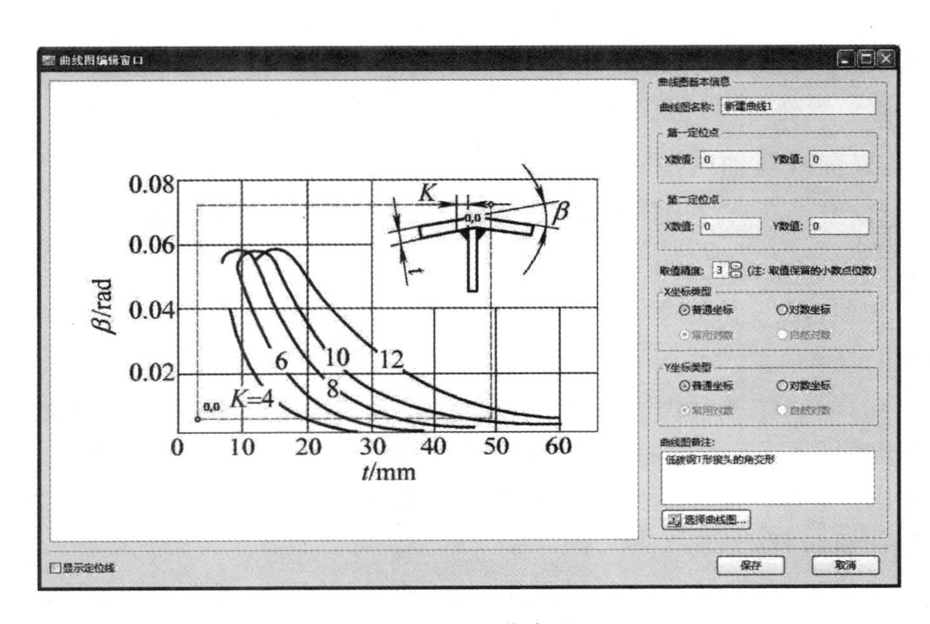

图 5-9 选择曲线图

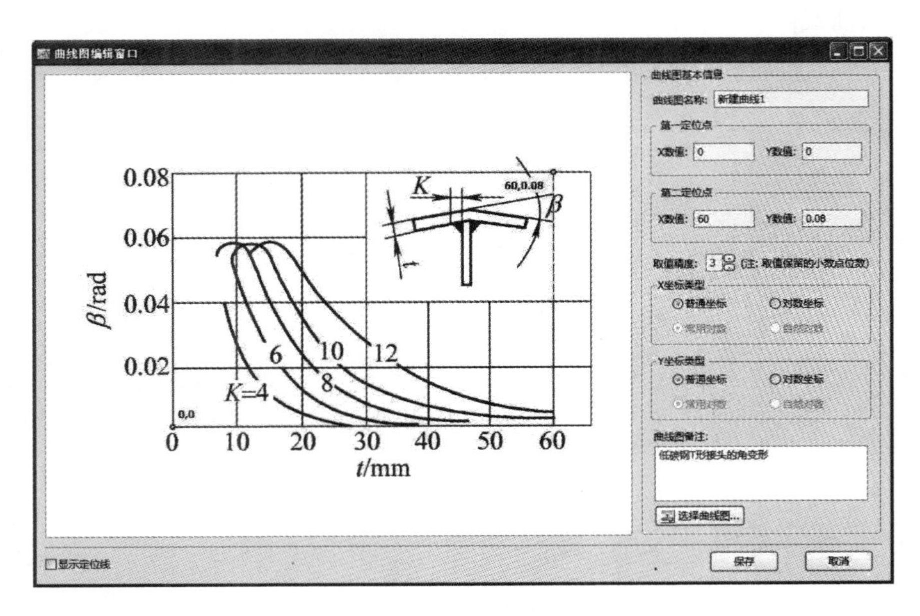

图 5-10 定义曲线定位点

1）在设计过程中，用户可使用鼠标滚轮来放大、缩小曲线图。当曲线图处于放大的情况时，在曲线图非定位点位置按下鼠标左健，可以通过拖动改变曲线图的显示位置。

2）在确定定位点位置时，用户可选中曲线图编辑窗口左下方的“显示定位线”，然后拖动定位线来辅助定位点的精确定位。

定位点位置确定后，可选择几个点来验证定位点位置的选择是否正确。

3. 定义曲线其他属性

“曲线图基本信息”中还包括“取值精度”“坐标类型”以及“曲线图备注”的定义。

（1）取值精度　该值决定曲线图取值时默认应保留的小数点位数，用户可在取值时随时修改该值。

（2）坐标类型　坐标类型分为“普通坐标”（即笛卡尔坐标）和“对数坐标”，用户可根据曲线图实际的坐标类型分别定义 X 坐标和 Y 坐标的坐标类型。

如果坐标类型设置为对数坐标，则用户可进一步定义该坐标采用的是“常用对数”还是“自然对数”。

（3）曲线图备注　在“曲线图备注”文本框中填写相关备注的内容信息。

上述步骤完成后，单击曲线图编辑窗口上的“保存”按钮，保存曲线的当前设计，并退出曲线图编辑窗口。